AF461015

ÉGLISE CATHÉDRALE
DE LAVAL.

EXPLICATION

DES

DEUX AVANT-PROJETS

PAR L.-J. HAMARD.

LAVAL
TYPOGRAPHIE DE H. GODBERT, LIBRAIRE
1859

ÉGLISE CATHÉDRALE

DE LAVAL.

ÉGLISE CATHÉDRALE
DE LAVAL.

EXPLICATION

DES

DEUX AVANT-PROJETS

PAR L.-J. HAMARD.

LAVAL
TYPOGRAPHIE DE H. GODBERT, LIBRAIRE
1859

ÉGLISE CATHÉDRALE
DE LAVAL.

EXPLICATION

DES

DEUX AVANT-PROJETS.

OBSERVATIONS PRÉLIMINAIRES.

En présence d'une ancienne église paroissiale, composée de huit styles architectoniques opposés, mal agencés, et du mauvais état de la nef, seule partie monumentale ; considérant en outre que cette église, déjà trop petite depuis longtemps pour les besoins de la paroisse de la Trinité, est complètement insuffisante pour servir de Cathédrale dans une ville qui acquiert chaque jour de l'importance, plusieurs personnes, disposées à faire de grands sacrifices, nous ont invité à dresser des plans provisoires, avec quelques renseignements généraux, à l'effet de leur servir d'études préparatoires, et de proportionner leur générosité en raison de la grandeur et du style des projets définitifs qui seront ultérieurement présentés.

En livrant ces Avant-Projets au public, chacun

saura reconnaître que nous ne proposons que le résultat de plusieurs idées émises par diverses personnes, et que nous n'agissons que comme rédacteur. Déjà, l'année dernière, M. d'Ozouville, qui avait tant fait pour le pays, sentant l'impérieuse nécessité d'édifier une Cathédrale, et entrevoyant la possibilité d'en assurer l'exécution, présenta un premier plan. Mais ce projet était plutôt destiné à marquer un nouvel emplacement, tout en conservant l'ancienne église, qu'à indiquer un style et une grandeur convenables; aussi ne nous arrêterons-nous pas à parler de ses dimensions trop restreintes. Par ce premier plan, cet homme d'initiative voulait s'assurer si les personnes généreuses tenaient beaucoup à l'ancienne église. Comme l'on désire avant tout une Cathédrale en rapport avec les besoins de la ville, et que l'on préfère généralement voir démolir l'ancienne église, qui entrave la circulation, pour se servir des nombreux matériaux, et n'avoir pas ensuite deux édifices à entretenir, M. d'Ozouville se proposait donc de publier un très-beau plan, lorsque Dieu l'a appelé à lui. Mais ses études sérieuses et ses bienfaits nous sont acquis, et tous les habitants de la Mayenne lui garderont un pieux souvenir (1).

Ayant donné dans une autre brochure quelques renseignements archéologiques sur l'église de la Sainte-Trinité, nous n'entrerons dans aucun détail sur

(1) Pendant la construction de la nouvelle Cathédrale. les vastes galeries de l'Exposition pourraient servir pour le culte : les dépenses d'appropriation ne seraient certainement pas considérables.

ce modeste édifice. Seulement, nous constaterons que, depuis la publication de cette brochure (novembre 1855), la grande lézarde du pignon de la nef s'est ouverte, et qu'elle est descendue jusqu'aux fondements de l'église, ce qui a disjoint l'arcade de l'ancien portail, servant aujourd'hui de baptistère, et fait enfoncer sensiblement la clef du cintre au-dessous des voussoirs : tout concourt donc à faire désirer une prochaine reconstruction. Aussi entend-on parler de plusieurs projets, soit d'emplacement, soit de mode de construction ?

Comme c'est, sans contredit, le XIIIe siècle qui nous a laissé les plus belles églises, les deux Avant-Projets que nous proposons pour étude, sont de ce siècle, l'un du commencement, formant la transition du XIIe au XIIIe, et l'autre du milieu de ce siècle, la plus belle époque du style ogival.

Pour être bref et précis, nous divisons ces Documents en trois parties. La première renferme des réflexions générales, et les deux autres présentent quelques explications sur chacun des deux projets.

RÉFLEXIONS

ARCHÉOLOGIQUES ET ARCHITECTONIQUES.

Au commencement du IVe siècle, l'église, sortant victorieuse des catacombes, rassembla les fidèles dans les basiliques romaines, lesquelles offraient assez bien l'image du vaisseau de Saint-Pierre. On construisit ensuite des églises en forme de croix grecque, puis on préféra le plan de la croix latine.

Dans le cours du XIIe siècle, la population des villes augmentant, et l'exercice du culte devenant plus solennel, on adopta le plan à cinq nefs pour les grandes églises, avec transsept, double déambulatoire, et chapelles rayonnantes. Ce plan, dans son ensemble, rappelle la basilique antique au milieu de laquelle se fait remarquer la croix latine, par l'intersection de ses grandes nefs au centre du transsept; mais, pour ne pas être trop restreint dans les cérémonies, on allongea la tête de la croix, afin d'avoir un vaste chœur. Par cette heureuse disposition, on eut l'espace suffisant pour le clergé et les nombreux fidèles ; aussi ce beau plan cruciforme a-t-il été généralement suivi depuis la fin du XIIe siècle ? On y a seulement ajouté, par nécessité et pour la régularité, des chapelles entre les contreforts de la nef à partir du milieu du XIIIe siècle.

Après les heureuses tentatives du XIe siècle, le XIIe nous a laissé de superbes édifices ; mais la plus belle époque des constructions religieuses commence à la fin du XIIe siècle, pour produire une série de chefs-d'œuvre pendant le cours du XIIIe. Cette brillante époque, pour son expression religieuse, sa générosité et sa grandeur, restera à jamais la gloire de la France. Il est peu de villes de quelque importance qui n'aient élevé une ou plusieurs églises dans ce style éminemment chrétien (1).

Tandis que ces belles églises s'élevaient comme par enchantement, Laval et son territoire étaient peu importants, et il ne fut construit aucune église ogivale complète. Depuis quelques années, les grandes communes de la Mayenne, voulant égaler, autant que possible, ce qui a été si bien fait ailleurs, rivalisent de zèle et de générosité pour réédifier leurs églises

(1) Pour plus de détails, on peut consulter les divers ouvrages d'Archéologie : 1° Les publications de M. de Caumont ; 2° Le *Cours d'Archéologie sacrée*, par M. l'abbé Godard ; 3° *Les Cathédrales de France*, par M. l'abbé J.-J. Bourassé ; 4° L'*Histoire de l'Art monumental*, par M. L. Batissier. 5° Et particulièrement le *Dictionnaire d'Architecture* de M. Viollet-le-Duc, aux articles : Architecture religieuse, Cathédrales, etc.

paroissiales. Voilà déjà Craon, Grez-en-Bouère, Pré-en-Pail, Montsûrs et Andouillé qui possèdent des églises monumentales, en rapport avec leur population. Pendant ce temps, la ville de Laval est réduite à ne plus pouvoir donner de places dans ses églises qu'au quart de sa population, alors que les plus humbles paroisses s'imposent les plus grands sacrifices pour ne pas descendre au-dessous de la moitié.

Laval, ayant acquis beaucoup d'importance et étant devenue ville épiscopale, désire vivement ne pas rester plus longtemps en retard : la générosité qu'elle a toujours montrée pour les fondations religieuses, sera assurément en rapport avec la grandeur du monument à édifier. Comme la Cathédrale est l'Eglise de tout le diocèse, et qu'en général les diocésains sont bienfaisants, il y aura de nombreuses cotisations, d'autant plus que le diocèse est placé sous un vocable très-populaire, et que, de divers côtés, on entend émettre le vœu de voir édifier une basilique à l'Immaculée Conception.

Au lieu de construire un pastiche de Cathédrale, qu'il faudrait successivement agrandir, en le rendant incohérent dans son plan, ainsi que cela a eu lieu pour l'église de la Sainte-Trinité, Laval doit donc profiter de cette circonstance pour faire élever une Cathédrale qui puisse répondre à ses besoins présents et futurs. Afin que l'on se rende un compte très-exact de l'importance qu'acquiert la ville de Laval, il faut relire le *Rapport sur le projet de modification des délimitations de Laval avec les communes de Changé*, *d'Avesnières et de Grenoux*, lequel a été inséré dans l'*Indépendant de l'Ouest*, le 15 février 1857. Voici quelques extraits de ce rapport :

« La nécessité d'apporter des modifications aux li-
« mites qui séparent la commune de Laval des
« communes limitrophes est reconnue depuis long-
« temps. »

« Une nombreuse population agglomérée, appar-
« tenant aux communes d'Avesnières, de Changé et
« de Grenoux, entoure Laval en s'avançant presque
« jusqu'au centre de la ville. L'agrandissement de la
« ville et son développement successifs, en confon-
« dant toutes les anciennes limites, ont relié cette
« population à la cité par des rues sans discontinuité
« de constructions; elle en fait aujourd'hui partie
« intégrante. »

La commission municipale constate dans un autre alinéa qu'une partie de cette population fréquente nos églises paroissiales. On trouve ensuite, dans ce rapport, que la population de Laval s'élevait en 1856 au chiffre de 21,309 habitants, 2,091 de plus qu'au recensement de 1851. Or, en ajoutant aux 21,309 habitants du dernier recensement, les 5,000 habitants des parties limitrophes, que la commission compte plus loin pour les frais de bureaux, on trouve que la population de la ville est en réalité de 26,309 habitants, sans compter l'augmentation progressive depuis 1856. En peu d'années, la population de Laval sera de 30,000 habitants ; ainsi s'explique l'affluence toujours croissante que l'on remarque dans nos églises, particulièrement à la Cathédrale, à toutes les grandes fêtes.

Dans le cours du siècle dernier, où Laval n'avait qu'environ 12,000 habitants, nos anciennes églises, qui ne présentent ensemble qu'une surface pour contenir 6,126 chaises, étaient en rapport avec la population ; mais, présentement que ce nombre est plus que doublé, les personnes sérieuses pensent qu'il faut remédier promptement et efficacement à cet état de choses.

Comme l'on doit nécessairement édifier une Cathédrale spacieuse, et que quelques-uns s'en exagèrent les dépenses, examinons ce qui a été élevé dans ces derniers temps. D'abord, il est nécessaire de distinguer les constructions en pierres dures de celles en pierres tendres : la différence est énorme. On entend dire assez souvent que le viaduc en plein cintre de la rue de Bôotz coûte environ vingt mille francs, et on estime quelquefois une nouvelle et modeste église rurale au-delà de soixante mille francs. Quand on assure que le viaduc de la rue de Bôotz coûte 45,224 francs, et que la nouvelle église de St-Hilaire-des-Landes n'a coûté que 32,000 francs, on trouve des incrédules : c'est cependant la vérité. Cette grande différence qui paraît entre ces deux constructions, tient à ce que le viaduc de Bôotz est en granit très-dur, tandis que l'église de St-Hilaire est en matériaux faciles à travailler. Il en est de même pour l'histoire de chacune de nos Cathédrales ; la nature des matériaux employés, et le genre des décorations font qu'un édifice est plus ou moins dispendieux. Aussi la différence entre des basiliques de même grandeur, et élevées dans le même siècle est-elle souvent très-considérable ?

On ne peut guère se baser sur l'estimation souvent fabuleuse des Cathédrales du moyen-âge, ni sur les constructions élevées à Paris depuis quelques années; mais nous pouvons citer la belle église paroissiale de St-Jean-Baptiste à Belleville, près Paris. Cette église dans le style du XIIIe siècle, avec deux tours latérales, couronnées de flèches élancées, a été entièrement construite de 1854 à 1856, sous la direction de M. Lassus, et elle n'a coûté que 900,000 francs, sans augmentation des dépenses portées au devis primitif. Plus près de nous, a été réédifié St-Nicolas de Nantes, vaste et belle église paroissiale du style ogival; quand toutes ses décorations et son ameublement seront terminés, elle n'aura coûté que 1,800,000 francs, malgré les modifications apportées au plan primitif, et l'emploi de granit très-dur dans tous les soubassements, dans un grand nombre de colonnes, et dans toute la façade à une hauteur de 27 mètres. Enfin la reconstruction de la vaste Cathédrale de Marseille prouve que l'on peut très-bien reproduire, à notre époque, les remarquables églises du moyen-âge; du reste, M. Viollet-le-Duc, dans la préface de son *Dictionnaire d'Architecture*, déclare que nous possédons actuellement des ressources nombreuses que n'avaient pas nos ancêtres au XIIIe siècle.

Nous terminerons ces réflexions générales par les deux extraits suivants de M. Viollet-le-Duc, en faveur de cette belle architecture :

« L'Architecture ogivale se plie à toutes les exi-
« gences sans jamais abandonner le style. C'est un
« art appartenant à des gens instruits, qui savent ne
« dire et faire que ce qu'il faut pour être compris. »
(1er volume, page 134).

« On a peine à comprendre que l'Architecture ogi-
« vale ne soit pas mieux connue et mieux appréciée,
« et on ne peut concevoir comment l'étude n'en est
« pas prescrite dans nos écoles comme l'enseignement
« de notre histoire. » (Page 146).

PREMIER AVANT-PROJET.

EMPLACEMENT.

La position la plus convenable pour la construction de la future Cathédrale est sans contredit la place Hardy. Ce point culminant est assez au centre de la ville, et il se trouve au milieu de l'une des paroisses les plus pieuses, les plus riches et les plus généreuses de tout l'ouest de la France ; en outre, c'est sur ce lieu qu'a été élevée la première église paroissiale de Laval, ce qui le rend cher à tous les habitants.

Ce projet d'emplacement exigerait peu de dépenses d'expropriation, et se présenterait assez bien pour la circulation entre les divers quartiers. En effet, par l'espace qui se trouverait autour du monument, la rue du Palais déboucherait dans celle des Fossés, la rue Renaise irait en droite ligne jusqu'à la chapelle absidale, et pourrait être prolongée, par la suite, suivant la ligne pointillée. Toutes les autres rues paraîtraient se diriger vers la Cathédrale, comme si elles avaient été ouvertes après sa construction.

Mais, en prenant le chœur et le transsept de l'église actuelle, et, en conservant les tours de la Porte-Beucheresse, on ne pourrait orienter cette nouvelle Cathédrale selon les rubriques ; il y aurait une déviation de 36 degrés, ce qui est trop considérable. Les antiques fortifications avaient fait dévier l'axe de l'ancienne église de 40 degrés ; cette orientation ayant été critiquée jusqu'à nos jours, il serait fâcheux de déroger ainsi à un antique usage très-populaire.

Les traits pointillés autour de ce premier plan indiquent que l'emplacement pourrait également convenir au deuxième projet ci-joint, lequel offre plus de grandeur, si l'orientation ne laissait pas beaucoup à désirer. Mais, pour conserver les tours de la place Hardy, deux chapelles de la nef ne seraient pas construites.

Dans le cas où l'on objecterait que les anciens fossés de la ville, qui coupent transversalement la place Hardy, présenteraient des obstacles, voici ce qu'affirment les personnes qui ont fait élever des constructions : on trouve le fond des fossés à six mètres dans le bas de la place ; à une profondeur moindre au-delà des tours, où le sous-sol est très-convenable. Chacun sait que les édifices élancés exigent des fondations plus profondes que le remblai des anciens fossés, afin d'éviter ce qui est arrivé aux Cathédrales de Séez, de Troyes, etc.

PLAN.

Ainsi qu'il est facile d'en juger par les dimensions placées au bas du plan, ce premier Avant-Projet indique une Cathédrale réduite aux plus simples proportions en raison de l'importance actuelle de la ville de Laval (1). La nef et le chœur n'ont que douze mètres de largeur d'axe en axe ; cette dimension n'est, à quelques centimètres près, que celle du chœur et de la nef de la modeste église paroissiale de Notre-Dame de Laval. Les bas-côtés, de chacun cinq mètres, sont semblables à ceux du chœur de St-Vénérand. Les dimensions du chœur, 31 mètres sur 12, sont à peu près égales à celles du chœur des Cathédrales de Bayeux et de Soissons.

Afin de conserver la régularité que l'on désire généralement dans le pourtour des édifices, les bras du transsept, formés chacun d'une travée égale à celle du croisillon, ne dépassent pas extérieurement les contreforts.

La longueur totale de 108 mètres est à peine en rapport avec celle des Cathédrales de plusieurs petites villes, indiquées en tête du plan, lesquelles sont loin d'avoir la population et l'importance de Laval.

(1) Cette basilique représente en petit le plan primitif de Notre-Dame de Paris, avec une couronne de chapelles absidales, de même qu'à la Cathédrale de Chartres. Les chapelles de la nef et du chœur de la basilique de Paris ont été ajoutées peu après la construction.

Pour la surface réservée aux fidèles, les 2,786 mètres carrés représentent l'espace où placer 5,572 chaises, ce qui n'est que le strict nécessaire pour les besoins actuels.

Ce plan cruciforme, en usage à la fin du XIIe siècle et au commencement du XIIIe, se compose d'une grande nef centrale, coupée par un transsept ; le bras supérieur de la croix est allongé pour avoir un chœur convenable. De chaque côté de la nef et du chœur, règnent deux latéraux, formant double déambulatoire, comme aux Cathédrales de Paris, Bourges, Chartres et Coutances.

Le rond-point de l'abside est terminé par cinq chapelles rayonnantes, dont les trois grandes sont assez élevées au-dessus du sol pour recevoir des cryptes exemptes d'humidité ; ces chapelles absidales, encore romanes, sont circulaires, ainsi qu'à Noyon, Bourges, Chartres et Sens.

La façade principale présente trois ouvertures ; le portail du milieu correspond à la grande nef, et chacune des deux autres ouvertures donne accès dans un vestibule commun aux latéraux. Les deux tours, placées sur les portiques et les vestibules, forment l'encadrement de cette façade.

On remarquera sur ce premier plan que la nef est divisée, dans sa longueur, par cinq grandes travées, et que tous les arcs des voûtes sont représentés par des traits pointillés. La première travée forme les portiques et les vestibules ; les quatre autres travées sont divisées chacune en deux parties égales par une grande nervure, au milieu des diagonales, correspondant aux piliers intermédiaires des doubles latéraux : cette ordonnance est la même pour le chœur. Ce mode de construction a été employé aux Cathédrales de Paris, Bourges, Laon, Sens, etc., où l'on observe d'épais murs, beaucoup de piliers, d'arcades et de contreforts, ayant exigé une quantité prodigieuse de matériaux.

Les voûtes du double déambulatoire sont semblables à celles de Notre-Dame de Paris (1).

COUPE EN TRAVERS.

La coupe en travers fait voir les dimensions de chacune des parties de cette Cathédrale; conformément aux indications données par M. Viollet-le-Duc à l'article *Architecture*, pages 187 et 188 , la grande nef a en hauteur trois fois l'espace compris entre les colonnes.

Dans ce système de construction, assez généralement suivi au XIIIe siècle , on voit les arcades et les voûtes des doubles latéraux placées à la même hauteur, et accolées aux piliers de la nef et du chœur, ce qui fait paraître beaucoup de Cathédrales lourdes et massives, malgré les ouvertures du triforium.

(1) Si le système des grandes voûtes laisse beaucoup à désirer à Notre-Dame de Paris, les voûtes des latéraux, surtout celles du déambulatoire, sont construites avec plus d'habileté que celles de Chartres et de Bourges, dit M. Viollet-le-Duc. Ier volume, pages 233 et 234.

OBSERVATIONS GÉNÉRALES

SUR LA CONSTRUCTION DES ÉGLISES DE LA FIN DU XIIe SIÈCLE ET DU COMMENCEMENT DU XIIIe.

Les travées de la principale nef furent carrées dans l'origine ; aux quatre angles, se trouvaient de gros piliers cruciformes supportant les arcs des voûtes. Chaque grande travée de la nef formait deux petites travées pour les latéraux, ce qui nécessitait une colonne intermédiaire entre les gros piliers. Les petites colonnes et les gros piliers recevaient deux arcades, qui supportaient une lourde maçonnerie jusqu'aux voûtes de la grande nef. Cette disposition, de deux travées dans chaque bas-côté contre une de la nef centrale, est remarquable à la nef de la cathédrale du Mans.

Les principales nefs prenant plus de largeur, à la fin du XIIe siècle, on fit les grandes travées rectangulaires, en leur donnant environ six de largeur pour cinq de longueur, comme à Notre-Dame de Paris, etc. Deux travées furent encore placées dans les latéraux contre une de la maîtresse nef, mais les colonnes intermédiaires devinrent aussi grosses que les piliers cruciformes, et portèrent au-dessus des arcades des bas-côtés une nervure recevant un arc qui divisait chaque voûte de la nef en deux parties égales. Des contreforts intermédiaires furent alors ajoutés pour contre-bouter les extrémités de cette nouvelle nervure.

Les travées de la nef centrale, n'ayant plus ce grand vide entre chaque arc doubleau, présentèrent une suite d'arcs qui donnèrent un coup-d'œil plus agréable, et, entre chaque arc, il y eut une fenêtre, deux par travée.

Il est facile de concevoir, par la multiplicité des piliers, des grosses maçonneries et des contreforts, que toutes les églises, élevées d'aprés ce système, ont dû exiger une quantité prodigieuse de matériaux, et qu'elles ont coûté des sommes énormes, surtout quand toutes les surfaces ont été décorées de sculptures (1).

Les contreforts intermédiaires n'ayant à contre-bouter que la nervure parallèle aux arcs doubleaux, et les contreforts des angles de la grande voûte recevant toute la charge des arcs doubleaux et des arcs ogives, on construisit ensuite des travées rectangulaires pour égaliser les forces obliques à contre-bouter. Par ce système, les travées de la nef centrale, en nombre égal à celles des nefs latérales, eurent en largeur deux fois leur longueur, et le mauvais effet produit par la courbure des nervures diagonales de la grande voûte sur les fenêtres, depuis l'établissement de l'arc intermédiaire et des doubles fenêtres, disparut pour faire place à une seule fenêtre, qui devait bientôt prendre toute la largeur de la travée.

(1) Nous n'avons placé, dans l'intérieur de ce premier plan, les nombreuses colonnes et ce genre de voûte que pour faire juger ce système de construction. Avec moins de piliers, de contreforts et de maçonneries, on verra, par le deuxième Avant-Projet, qu'il est possible de diminuer de beaucoup les dépenses pour couvrir solidement une même surface.

Les basiliques de Soissons, Chartres, Rouen, Reims, etc., présentent cette disposition ; mais, en modifiant la construction des voûtes, on ne diminua pas leur épaisseur, ni le nombre des piliers et des contreforts, et il fut encore employé pour chacune de ces Cathédrales une quantité énorme de matériaux, ce qui entraîna des dépenses excessives, particulièrement à Chartres et à Reims, ainsi que le constate M. Viollet-le-Duc dans son article sur les Cathédrales.

D'après les études archéologiques et architectoniques, il est facile de conclure que certaines Cathédrales n'ont pas toujours coûté des sommes exorbitantes en proportion de leur étendue, mais bien en raison de la qualité et de la quantité des matériaux employés, du mode de construction et de décoration ; on voit en effet de vastes et belles Cathédrales qui ne sont point au-dessus de nos ressources actuelles.

Vers 1220, de grands progrès furent obtenus dans la construction des églises par Robert de Luzarches, le Bramante du moyen-âge. Voici deux citations de M. Viollet-le-Duc, concernant cette époque :

« Dans le cours du XIIIe siècle, les murs, devenus « inutiles, disparaissent complètement dans les grands « édifices, et sont remplacés par des claires-voies, « décorées de vitraux coloriés. » (Page 146.)

« La Cathédrale d'Amiens, comme plan et comme « structure, est l'église ogivale par excellence. »

« Il est difficile de voir une construction plus sim- « ple et plus économique, eu égard à sa dimension « et à l'effet qu'elle produit : tout est léger dans cette « Cathédrale. » (Deuxième volume, pages 330 et 331.)

En décrivant ainsi Notre-Dame d'Amiens, M. Viollet-le-Duc fait voir que cette basilique couvre une surface de 8,000 mètres carrés : la Cathédrale du Mans présente en moins 3,000 mètres carrés de superficie.

Afin d'éviter pour la future Cathédrale de Laval ce qui est arrivé dans plusieurs villes, depuis le commencement du siècle, on tiendra compte des dernières études archéologiques, particulièrement des nombreuses observations de M. Viollet-le-Duc.

Dans ce premier plan, on voit le système de construction de beaucoup de Cathédrales, dites massives. Les colonnes et les contreforts nombreux, les gros murs et la forme des grandes voûtes ne sauraient être remis en usage. Si l'on tenait à l'emplacement et à la surface du premier Avant-Projet, on adopterait assurément, par économie, la disposition légère et gracieuse de l'intérieur du deuxième plan.

DEUXIÈME AVANT-PROJET.

EMPLACEMENT.

La Cathédrale située à l'extrémité de la place Hardy et dans l'enfoncement du côté des Éperons, entre les rues Marmoreau et des Serruriers, offrirait, au point de vue de l'isolement, de la perspective et de l'orientation, de plus grands avantages que dans notre premier projet.

Sur cette position élevée, la Cathédrale serait entièrement isolée, et l'accès facile dans toutes les directions. La grande entrée et celle du Sud, à droite du transsept, pourraient être de plain-pied ; un escalier de quelques marches donnerait accès de la rue des Serruriers dans le bras gauche du transsept. La place Hardy qui s'harmonise assez bien avec la façade principale, resterait presque en entier pour le débouché de ses sept rues, et pour recevoir la foule, sans encombrement, à toutes les grandes solennités. L'axe prolongé de la rue des Fossés rencontrant obliquement l'entrée principale, la grande façade, vue de profil, de toute la longueur de cette rue, présenterait à l'œil l'aspect le plus agréable.

En raison de l'étendue et de l'importance du monument, on ne peut trouver l'expropriation trop onéreuse, car, après les quelques maisons d'une certaine valeur et les baraques de la rue des Serruriers , le terrain qu'il faudrait acquérir, pour la Cathédrale et la rue circulaire, n'est pas d'un prix élevé : les dernières ventes en ont fourni la preuve.

Mais la supériorité de cet emplacement, sur tous les autres, consiste dans la facilité de pouvoir orienter la Cathédrale selon les rubriques. Or, par cette orientation, le monument se trouverait parallèle avec la grande artère de Laval, formant en ligne droite, une suite de rues d'une longueur de 2,300 mètres, et le chemin de fer, qui se présente si agréablement dans tout son parcours sur le territoire de Laval. Que l'on se figure maintenant, sur un plan de ville, quelle serait la perspective de cette basilique dans toutes les directions, et quel effet majestueux et imposant elle produirait jusqu'aux extrémités orientales du diocèse!

Par la différence de niveau entre la place Hardy et la base de la chapelle absidale, on aurait la hauteur nécessaire pour construire, sous les chapelles du rond-point, une ou plusieurs cryptes éclairées et préservées d'humidité comme au Mans (1).

(1) La crypte de St-Julien du Mans se compose de trois parties: la première est placée sous la chapelle de la Ste-Vierge, et les deux autres s'étendent sous les bas-côtés jusqu'à l'abside du chœur. Au lieu de cette disposition, qui laisse à désirer, on ferait mieux d'établir les cryptes de la Cathédrale de Laval sous les trois chapelles du rond-point.

L'autre emplacement, indiqué par des points, et que quelques personnes nous ont désigné, exigerait d'énormes dépenses d'expropriation, et ne présenterait pas tous les avantages du précédent : il en est de même pour plusieurs autres positions mises en avant.

PLAN.

Puisqu'il faut à Laval une Cathédrale aussi spacieuse que possible, voici un plan complet qui peut être exécuté par parties. Il est formé du chœur de St-Julien du Mans, reconnu pour un type de légèreté et de simplicité ; mais nous avons fait disparaître les doubles piliers de l'entrée du chœur et de ses latéraux, irrégularité qui n'a été employée au Mans que pour raccorder le chœur et ses bas-côtés avec l'ancienne nef qui a moins de largeur.

Tandis que Robert de Luzarches se plaçait au-dessus de ses devanciers, vers 1220, en construisant la vaste et légère basilique d'Amiens, un autre architecte dont le nom est resté inconnu, entreprenait la reconstruction du chœur et des latéraux de la Cathédrale du Mans. Le plan de ce beau chœur est l'image de la Cène; on y remarque une grande chapelle d'honneur, accompagnée de chaque côté de six chapelles rayonnantes, moins vastes, mais égales. En élévation treize arcades s'élancent dans le chœur, proprement dit, et la même disposition est répétée dans chaque bas-côté.

Une modification particulière, dans la construction

de ce chœur, le fait paraître plus vaste qu'il n'est réellement : la grande hauteur du premier latéral, dans tout son pourtour, permet à la vue de s'étendre entre les colonnes jusqu'au triforium. Quand on mesure ce chœur, d'axe en axe, pour le comparer à celui de Chartres, par exemple, lequel a 38 mètres sur 16, on est surpris de lui trouver 5 mètres de moins en longueur et 3 mètres 34 en largeur. Aussi, pour lui donner plus de longueur, a-t-on pris plusieurs mètres dans le croisillon du transsept ?

Il est vivement à regretter que ce beau plan de chœur, qui a plusieurs dispositions uniques en France, ne soit pas accompagnée d'une nef semblable, ce qui le ferait encore bien mieux ressortir ; mais, en présence du bon état de l'antique et remarquable nef du Mans, les archéologues ne peuvent qu'émettre des vœux pour qu'il soit édifié à Laval ou ailleurs une Cathédrale complète dans ce style noble et imposant.

Le plan cruciforme et complet de la basilique du Mans, que nous proposons pour Laval, et dont la profondeur des chapelles lui donne beaucoup d'ampleur, se compose d'une nef et d'un chœur flanqués de chaque côté de doubles latéraux formant déambulatoire. Le transsept, dépourvu de bas-côtés que l'on remarque dans plusieurs Cathédrales, a ses extrémités en rapport de longueur avec le chœur, tel que celui du Mans, mais sans y comprendre l'espace de la tour.

L'heureuse disposition des chapelles du chœur est reproduite dans la nef, afin de répondre aux besoins du culte et d'obtenir une régularité parfaite, ce qui est reconnu indispensable depuis le milieu du XIIIe siècle, puisqu'on les y a ajoutées à presqne toutes les nefs qui n'en avaient pas dans l'origne (1).

Les petites croix placées dans les chapelles indiquent l'emplacement des autels; les doubles chapelles de chaque côté du chœur, qui n'en ont pas, sont destinées pour les sacristies.

La façade principale, percée de trois ouvertures, est flanquée de deux tours comme à Notre-Dame de Rouen, mais avec des dimensions moindres; la disposition des portes latérales et des vestibules a beaucoup de ressemblance avec ce qui existe à la Cathédrale de Sens.

On pourra remarquer dans la nef six travées rectangulaires, y compris le vestibule; par rapport aux autres parties de l'édifice, cette nef est un peu courte. Une septième travée, ajoutée à ce plan, lui donnerait presque la longueur de la Cathédrale du Mans, et produirait un très-bel effet; ce serait le plan complet que voulut faire exécuter de ses propres deniers le cardinal de Luxembourg, qui siéga au Mans dans la seconde moitié du XVe siècle.

Les travées du chœur et de la nef ont chacune 8 mètres de longueur, d'axe en axe, sur 12 mètres 66 de largeur, et chaque travée des latéraux, égalemeent 8 mètres de longueur sur 6 de largeur; les travées du transsept correspondant à celles de la nef, des latéraux et des chapelles.

(1) Par l'addition de ces chapelles, on a diminué les grandes hauteurs qui rendaient les contreforts trop monotones, et on a gagné, à peu de frais, des surfaces d'une grande utilité.

Le premier plan renferme 71 piliers, tandis que celui-ci, qui a une plus grande surface, n'en contient que 56, même en y comprenant ceux du vestibule et du transsept. Par cette comparaison, on voit de suite la grande différence, qui existe pour les dépenses, entre les Cathédrales massives, comme Notre-Dame de Paris ou St-Etienne de Bourges, et les Cathédrales légères dans toutes leurs parties, dont le type est Notre-Dame d'Amiens. On ne peut dire que les basiliques légères ne sont pas solides, car elles résistent aussi bien que les autres aux injures du temps, depuis le milieu du XIIIe siècle : le chœur du Mans, malgré ses formes sveltes et élancées, n'a pas une seule fissure.

Tous les arcs des voutes étant représentés par des traits fins et pointillés, et la direction des arcs-boutants par des points plus gros, on remarquera l'heureuse disposition des contreforts et des arcs-boutants du déambulatoire. Voici comment M. Viollet-le-Duc s'exprime sur cette construction : « Le chœur de la Cathédrale du Mans, contemporain de ceux de Chartres et de Bourges, présente une plus belle disposition ; les voûtes du double collatéral sont adroitement combinées. Les chapelles sont grandes, profondes, et laissent encore entre elles cependant des espaces libres pour ouvrir des fenêtres. » (Tome Ier, page 236).

DIMENSIONS.

La longueur de la nef, en y comprenant le vestibule, est de 48 mètres : c'est seulement 3 mètres de plus que la nef de l'autre plan.

Le chœur mesure d'axe en axe 33 mètres sur 12 mètres 66 : 2 mètres en longueur et 66 centimètres en largeur de plus que celui du premier plan.

En comparant la largeur de la nef et du chœur de l'église de Notre-Dame de Laval avec ce plan, on ne trouve pas 1 mètre de différence.

Les latéraux de chacun 6 mètres présentent simplement une différence de 1 mètre en plus sur ceux de Saint-Vénérand (1).

Le transsept mesure 52 mètres 66 sur 12 mètres.

Les chapelles ont 5 mètres 50 de largeur sur 8 mètres de longueur ; celle de la Sainte-Vierge est double en profondeur.

La longueur dans œuvre est de 121 mètres, et, en y ajoutant les clôtures des deux extrémités, cette Cathédrale présente une longueur totale de 127 mètres. Le plus souvent, on ne prend pour longueur principale que la distance entre le grand portail et le rond-point du déambulatoire, et pour largeur l'espace compris entre les contreforts. Ainsi, on dirait pour ce

(1) La plupart des visiteurs de la Cathédrale du Mans ont remarqué que les latéraux du chœur ne sont pas très-larges.

plan, la longueur du grand rectangle est de 105 mètres sur une largeur de 36 mètres 66.

Les dimensions de ce plan sont bien réduites par rapport à celles de la Cathédrale d'Amiens qui a 161 mètres de longueur avec un triple transsept mesurant 72 mètres.

	Mètres.	Cent.
La surface de la nef et du vestibule est de.	1,711	68
Celle du transsept de.	631	92
Idem du chœur et de ses latéraux de	1,498	19
Surface circonscrite par les grands contreforts.	3,841	79
A déduire la surface du chœur. . . .	398	29
Il reste pour les fidèles.	3,443	50

Dans ces 3,443 mètres carrés sont compris le vestibule et toutes les colonnes.

Chaque chapelle présente en moyenne une surface de 40 mètres carrés, couverte en partie par les autels, les confessionnaux et les placards. Pour les dix-neuf chapelles et les sacristies, on peut encore compter, tant vides que pleins, 820 mètres carrés. Mais cette surface, comprise entre les grands contreforts et couverte par des voûtes peu élevées, est bien moins dispendieuse, dans sa construction, que celle du corps de l'édifice qui demande de belles proportions de hauteur.

COUPE EN TRAVERS.

La coupe en travers du chœur de la Cathédrale du Mans offre une heureuse disposition très-rare en

France. Les premiers latéraux ont deux fois la hauteur des seconds, et le triforium, au lieu d'être accolé aux piliers du chœur, comme dans la plupart des basiliques, est reporté sur les bas-côtés extrêmes. Par ce mode de construction, les colonnes du chœur se trouvent dégagées des lourdes murailles que l'on voit dans l'autre plan, et la hauteur des voûtes du premier latéral permet d'ouvrir un rang intermédiaire de fenêtres au-dessus du triforium, ce qui allége encore les arcades et les colonnes des bas-côtés.

Ces colonnes du chœur d'une forme si agréable, cet exhaussement des arcades du premier collatéral, et cette triple ceinture de verrières coloriées présentent à l'entrée du chœur un aspect plein de grandeur, de noblesse et de majesté (1).

Dans ces formes dégagées et décorées de trois rangs de vitraux peints, n'y a-t-il pas là un genre de construction qui convient admirablement pour le symbolisme de la future Cathédrale de Laval ? En effet, le diocèse étant placé sous l'invocation de l'Immaculée Conception, et la primitive église de Laval, qui sert de Cathédrale, ayant pour vocable la Sainte-Trinité, nul style ne conviendrait aussi bien pour l'un et l'autre de ces deux vocables que celui du chœur du Mans, appliqué dans l'ensemble de la nouvelle Cathédrale.

(1) Nous ne connaissons aucune Cathédrale qui produise un pareil effet. Si ce genre de construction économique est assez rare, cela vient de ce que presque toutes les grandes basiliques étaient élevées lorsque le chœur du Mans fut achevé. La coupe de la Cathédrale de Bourges a bien une pareille disposition, mais on ne peut songer à reproduire cette grande et massive Cathédrale.

Ce mode de construction paraît avoir été employé en premier lieu à St-Etienne de Bourges ; mais, outre que cette vaste basilique est trop massive, M. Viollet-le-Duc en critique assez vivement les proportions, particulièrement les fenêtres courtes et écrasées de la grande nef, tandis qu'il trouve que la coupe en travers du chœur du Mans est beaucoup mieux étudiée, les latéraux et les chapelles rayonnantes mieux appropriés, et que tout le système de la construction est plus savant. (Voir les pages 200 et 201 de son premier volume.)

On remarquera que le triforium de cette coupe en travers a plus de largeur que celui du Mans, c'est afin d'avoir des places réservées et bien situées pour toutes les grandes solennités. Au moyen de poutres en tôle, placées sur les arcs doubleaux des latéraux extrêmes, on obtiendrait toute la solidité désirable pour établir la clôture entre le triforium et la charpente.

Pour pénétrer facilement dans ces galeries du chœur, il pourrait être placé un escalier dans chacun des deux épais contreforts, situés entre les sacristies et les deux premières chapelles de la grande abside : les entrées du triforium se trouveraient dans ces deux chapelles.

Au lieu des arcs-boutants de la Cathédrale du Mans, qui laissent trop à désirer, il pourrait en être fait à Laval de semblables au modèle qu'indique M. Viollet-le-Duc à la page 73 de son premier volume, afin d'éviter le soulèvement arrivé à ceux de quelques basiliques, ce serait encore un perfectionnement.

FAÇADE DU DEUXIÈME AVANT-PROJET.

La principale façade, que nous donnons ici, est à l'échelle de deux millimètres pour mètre, comme les autres plans. Cette façade, par ses ouvertures et ses tours couronnées de flèches, a quelques rapports avec le frontispice de Notre-Dame de Chartres ; mais chaque flèche, malgré sa hauteur de 105 mètres, est au-dessous du petit clocher de Chartres de 7 mètres 15. Les ornements des baies, des galeries et du couronnement sont semblables à ceux de plusieurs Cathédrales du XIIIe siècle.

On remarquera que cette décoration ne se compose que de portiques et d'arcades d'une grande simplicité : trois entrées peu profondes, une grande rosace, des arcatures la plupart simulées, et un petit nombre de statues forment toute la décoration de cette façade, laquelle présente cependant un aspect noble et imposant. Deux couvre-chefs, surmontés de pinacles, sont placés sur les contreforts intermédiaires, à l'instar de ceux que l'on voit entre les tours de la Cathédrale de Rouen, et des statues du frontispice de Senlis.

Dans beaucoup de basiliques, la décoration de la principale façade est formée d'arcatures profondes, garnies de sculptures délicates et de nombreuses statues ; souvent les moulures extérieures se détachent complètement de celles qui sont en application sur la muraille, et forment claire-voie, comme un réseau de dentelle de pierre. Tout cet ingénieux travail a coûté des sommes exorbitantes ; mais il n'est pas nécessaire de reproduire ces somptueuses décorations, qui ont plusieurs fois compromis la solidité des frontispices. En n'ouvrant que les baies indispensables, et en simulant les ornements du XIIIe siècle par des colonnes et des arcades engagées, tel que cela a eu lieu pour le nouveau portail de l'église de la Sainte-Trinité, on pourrait élever, à la Cathédrale de Laval, une remarquable façade sans dépenser de trop fortes sommes.

Par le plan d'ensemble, on se rendra facilement compte de la disposition intérieure de cette façade, et du bel effet qu'elle pourrait produire à l'extérieur. Sur la coupe en travers, on remarquera que la grande rosace est placée à la hauteur des voûtes de la nef, afin qu'elle ne soit pas masquée par le buffet de l'orgue, lequel a toute la hauteur suffisante entre le linteau du portail et la base de la rosace.

Les arcades géminées et la galerie qui couronnent le milieu de la façade, surpassent un peu le grand comble, ainsi que cela se voit au frontispice de plusieurs Cathédrales du XIIIe siècle.

L'espace manquant assez souvent dans les tours des basiliques pour placer les cloches, les bourdons et les carillons, on peut espérer que les tours de la Cathédrale de Laval auront deux étages. Cela ferait plaisir à bien des personnes généreuses qui, voyant fondre de belles cloches et fabriquer de remarquables carillons au Mans, désirent que la Cathédrale de Laval soit pourvue d'une sonnerie harmonieuse et d'un carillon, au moins semblable à celui que M. Bollée a confectionné pour Notre-Dame-du-Lac, en Amérique.

CONCLUSION.

Une Cathédrale comme celle du deuxième Avant-Projet serait-elle au-dessus de nos moyens actuels? Par les citations précédentes, on a pu voir qu'il existait une énorme différence entre les basiliques dites massives, et celles d'une grande légèreté. Sur ce plan qui présente une Cathédrale légère, reportons-nous au type : l'ensemble du chœur du Mans ne se compose que de colonnes et d'arcatures closes, dans son pourtour, par des verrières. On ne voit pas de grosses et dispendieuses murailles, dès lors point de ruineuses sculptures à l'intérieur ni à l'extérieur. Les seules décorations sur la pierre consistent dans la forme des colonnes et dans les moulures des arcades. On ne voit qu'un très-petit nombre de statues à l'intérieur; les contreforts et les arcs-boutants n'ont aucune ornementation. Pour détruire cette monotonie à l'extérieur, on a établi des balustrades à la base des couvertures, et placé quelques statues autour du grand comble.

A cette simplicité, ajoutons que le chœur du Mans est construit en pierres blanches et tendres, lesquelles, après avoir été faciles à travailler, ont durci et reçu la teinte brune des siècles. Enfin, M. l'abbé Bourassé qui a visité et décrit soigneusement toutes les Cathédrales de France, s'exprime ainsi, en parlant de St-Julien du Mans, à la page 132 de son ouvrage : « Cette « Cathédrale en général se fait distinguer plutôt par « l'austérité des lignes architecturales que par la ri- « chesse de l'ornementation. » Après avoir si bien indiqué toutes les décorations dispendieuses des autres basiliques, le témoignage de cet auteur judicieux est assez concluant.

Par sa forme légère, par la nature des matériaux employés et par la simplicité dans la décoration, cette basilique ne coûterait pas plus à reproduire, toute proportion gardée, que les grandes églises et les Cathédrales édifiées depuis le commencement de ce siècle.

Si le deuxième Avant-Projet demandait une somme trop élevée pour terminer cette Cathédrale dans toutes ses parties, on remarquerait que la vaste et belle église de Saint-Nicolas de Nantes, dont les dépenses se monteront à 1,800,000 francs lorsqu'elle sera achevée, n'avait coûté que 1,300,000 fr. jusqu'au 25 décembre 1854, jour où elle fut livrée au culte. De cet exemple et de plusieurs autres, on peut conclure qu'il suffit d'avoir dépensé les deux tiers environ de la somme totale, pour disposer d'une Cathédrale, en attendant l'achèvement des détails.

Le pays étant riche et généreux, on peut espérer du gouvernement, qui a déjà fait de grands sacrifices pour la restauration des édifices religieux, une subvention en rapport avec les offrandes du diocèse. Voici deux faits qui indiquent assez bien ce que coûtent les Cathédrales, et comment les fonds se réalisent :

1° Dans ses *Annales archéologiques*, numéro de décembre 1844, page 269, M. Didron aîné insérait ce qui suit : « Il est question de construire à Marseille « une Cathédrale qui coûterait quatre millions. Un « million serait donné par le chef du diocèse, un « million par la ville et les deux autres par le gouver- « nement. On désire vivement que cette Cathédrale « soit en style gothique. Une commission a été nom- « mée par Mgr l'évêque de Marseille pour préparer « le projet (1). »

Cette basilique, projetée sous Louis-Philippe, a été commencée par ordre de Napoléon ; mais le style gothique ou ogival n'a pas été suivi. Pour rappeler l'origine orientale de la ville de Marseille, et faire voir aux peuples, qui visitent cette ville maritime, combien le christianisme a grandi les nations de l'Occident, tandis que le mahométisme a replongé les orientaux dans les ténèbres de l'ignorance et de la barbarie, on a adopté le style byzantin. La Cathédrale que l'on édifie, a quelques rapports avec Sainte-Sophie de Constantinople, élevée au milieu du VIe siècle par l'empereur Justinien, mais elle aura cinq grandes coupoles, à l'instar de Saint-Marc de Venise. Les remarquables soubassements renferment trois belles cryptes : l'une au chevet et les deux autres dans les

(1) Il est à remarquer que le département des Bouches-du-Rhône n'a pas plus d'étendue ni de population que le département de la Mayenne. Il forme cependant deux diocèses : Aix et Marseille.

extrémités du transsept : ces cryptes sont reliées par des allées souterraines. Comme les cotisations du diocèse et les subventions de la ville ont été abondantes, on annonce que le gouvernement va y contribuer pour 2,500,000 francs.

2° Le 24 décembre 1858, l'extrait suivant du *Journal de Rennes* était reproduit par l'*Indépendant de l'Ouest :* « Il est question de construire une nouvelle « Cathédrale soit dans les jardins de la Visitation, « soit ailleurs. M. Viollet-le-Duc, dans un récent « voyage, aurait même promis, à Mgr Saint-Marc, un « plan dans le style pur du XIIIe siècle. Cette église « métropolitaine serait exécutée en granit du pays et « coûterait quatre millions. On aurait lieu d'espérer « que le gouvernement accorderait une allocation « considérable, si les diocésains, divisés en deux ou « trois catégories de souscripteurs, pouvaient s'engager « à contribuer pour la plus forte part de la « dépense. »

Si Rennes, après avoir fait élever, dans le style grec, une Cathédrale à peine terminée, obtient de nouveau une très-forte allocation pour édifier une seconde Cathédrale, dans le style ogival, que sera-ce de Laval qui n'a jamais reçu de secours pour ses églises, alors que cette ville a de si pressants besoins ?

De ces deux faits, il est facile de conclure que l'on peut construire une belle Cathédrale du XIIIe siècle pour quatre millions au plus, et, en outre, que le gouvernement sera toujours disposé à seconder largement de pareilles entreprises.

A l'ouverture de la session du Sénat et du Corps législatif, le 18 janvier 1858, l'Empereur fit un discours qui produisit une grande sensation. Le sixième alinéa, concernant les travaux publics, se terminait par ces mots : « et, sur toute la France, les édifices « religieux se construisant à nouveau ou se relevant « de leurs ruines. » Ces remarquables paroles sont restées dans la mémoire de bien des personnes, et donnent beaucoup à espérer.

Sous Philippe-Auguste et sous saint Louis, la plupart des diocèses furent dotés de magnifiques Cathédrales : quand le moment sera venu, Napoléon III, dans sa grandeur et sa munificence, ne voudra pas que l'important diocèse qu'il a fondé, reste trop longtemps privé de son principal édifice.

En finissant la tâche que nous nous sommes imposée, nous éprouvons le besoin de répéter ce que nous avons dit au commencement de notre opuscule. Nous n'avons eu, en l'entreprenant, d'autre dessein que de répondre aux instances réitérées qui nous ont été faites à ce sujet, pour préparer l'opinion à une entreprise qui doit nécessairement avoir son exécution dans un temps plus ou moins prochain, et pour donner aux résolutions et aux réflexions le temps de se produire et surtout de se mûrir.

Loin de nous également la pensée de prévenir les

décisions de la commission des édifices diocésains, et de vouloir imposer nos vues à l'architecte que l'autorité chargera de cette importante entreprise. Nous n'avons donc voulu que lancer un ballon d'essai sur lequel nous appelons les regards d'une critique convenable et modérée, de la part d'un public compétent, bien convaincu que, du choc de la discussion, il ne peut rejaillir qu'un plus brillant faisceau de lumière. Nous nous estimerons très-heureux si le public daigne favorablement accueillir notre travail comme le gage de notre faible coopération aux intérêts généraux.

TABLE.

LAVAL. — IMP. DE H. GODBERT, LIBRAIRE.

www.ingramcontent.com/pod-product-compliance
Ingram Content Group UK Ltd.
Pitfield, Milton Keynes, MK11 3LW, UK
UKHW021028180726
13838UKWH00004B/1665